Deutsche Vorträge Hamburgischer Professoren

6.

Karl Florenz

Deutschland und Japan

30. Oktober 1914

Hamburg
L. Friederichsen & Co.
(Dr. L. u. R. Friederichsen)
1914

Preis 50 Pfennig

Der Reinertrag ist für die Hamburgische Kriegshilfe bestimmt

Als in den ersten Tagen des August das in ruhiger Sicherheit dahingleitende Schiff des Deutschen Reiches fast urplötzlich in einen rasenden Wirbelsturm geriet, von allen Seiten die wildaufgepeitschten Wogen neid- und haßerfüllter Feindschaft gegen seine Borde losstürmten und es in die Tiefe hinabzuschlingen trachteten, da wandte sich wohl mancher Blick der tapferen Segler gen Osten, nach der Region der aufgehenden Sonne, in der stillen Hoffnung, daß von dort vielleicht ein freundlicher Strahl in das uns umringende schwarze Gewölke brechen möchte.

Ist es doch kaum ein Jahrzehnt her, so erwog man, daß Japan selber gegen das eine der Länder, die heute unsere Kultur mit Vernichtung bedrohen, einen schweren Kampf für seine Geltung und seine Lebensinteressen bestehen mußte, einen Kampf, in dem trotz oder vielmehr wegen des japanischen Sieges das letzte Wort noch nicht gesprochen wurde, wenn auch durch kluge und maßvolle Verständigung die alten Gegner sich in den letzten Jahren wiederholt geeinigt haben und möglicherweise noch lange harmonisch mit einander auskommen können. Wer wäre denn naiv genug, an einen redlichen Verzicht der russischen Machtstreberei zu glauben? Und für die andere Seite brachte man die heftige und lang nachwirkende Enttäuschung beim Friedensschluß von Portsmouth in Anschlag, als das siegreiche japanische Volk sich nach den gewaltigsten Opfern an Gut und Blut ohne einen Pfennig Kriegsentschädigung in einem Sumpf von Schulden versinken und ersticken sah.

Aus diesen Erwägungen und unter dem Eindrucke, daß das japanische Volk, für das wir Deutsche im ganzen genommen immer eine weitgehende Sympathie gezeigt haben, uns zu Danke verpflichtet sei, indem einige der glänzendsten Erfolge in der modernen Entwicklung Japans ohne die treue Mitarbeit und Lehrerschaft der Deutschen nimmermehr eingetreten wären, ist es nicht verwunderlich, daß viele unter uns glaubten, die Japaner müßten die Gelegenheit des Weltkrieges ergreifen, um sich von dem russischen Druck auf

Ostasien ein für allemal zu entlasten. Wahrscheinlich hat auch die Haltung der zahlreichen, bei Ausbruch des Krieges in Deutschland studierenden Japaner mit dazu beigetragen, Hoffnungen in dieser Richtung zu erwecken. Das überwältigende Schauspiel der einmütigen Erhebung des deutschen Volkes gegen eine Welt von Widersachern hat seinen ergreifenden Eindruck auf keinen von den Fremden verfehlt, die in jenen Tagen unsere Gastfreundschaft genossen, soweit ihre Herzen überhaupt noch einen Funken von Empfindung für Menschengröße fassen konnten. Kein Zweifel, daß auch die unter uns weilenden Japaner nicht ganz kaltsinnig dabei gestanden haben, denn wie sie selber den Kult ihres Vaterlandes fast bis zur Absurdität betreiben, so schätzen sie auch bei anderen vaterländische Treue und tapferen Opfermut. So wird aus japanischem Munde manche Äußerung des Beifalls und der Bewunderung gefallen sein, ja, ehe die Kriegserklärung Englands erfolgte, mögen selbst nicht wenige Japaner ehrlich daran geglaubt haben, daß Japan mit Deutschland gegen Rußland zu Felde ziehen könne.

So war ein schönes Märchen entstanden, das namentlich bei den leicht erregbaren Massen in den Straßen der Reichshauptstadt wunderlichen Widerhall fand. Unvergeßlich wird es mir sein, wie eines Abends ein jubelnder Menschenstrom mir entgegenflutete und ein zappelndes Etwas von Schulter zu Schulter gehoben im Triumph die lange Straße hinabtrug. In dem Gefeierten erkannte ich einen mir wohlbekannten Japaner. Ein wehmütiges Gefühl ahnungsvoller Enttäuschung und Beschämung erfüllte mich bei diesem Anblick, denn Englands Kriegserklärung war ja schon erfolgt, und es bedurfte nicht der Gabe der Prophezeiung, um zu wissen, daß diese Hoffnung der jubelnden Menge in Rücksicht auf das englisch-japanische Bündnis mindestens eitel sei. Daß aber aus dem „Hosianna, hosianna!" so bald gar ein „Kreuzige, kreuzige!" werden würde, konnte damals niemand vermuten. Und doch kam es so! Kaum vierzehn Tage später saß der Gefeierte bang und gedrückt, an der Weltenvernunft zweifelnd, in Schutzhaft, hinter Schloß und Riegel.

Der Schicksalswechsel dieses einen Mannes ist typisch für den Umschwung, der fast im Handumdrehen in dem Verhältnis zwischen Deutschland und Japan eingetreten ist. Von all den Manifestationen der Feindschaft, die wir seit Monaten über uns ergehen lassen müssen, hat uns seit dem Augenblicke, wo England die Maske von seinem haßverzerrten Antlitze riß, keine so tief verletzt, keine so in unserm Glauben an internationalen Anstand und Würde erschüttert, als der am 15. August in Tokio vom Geheimen Staatsrat gefaßte deutschfeindliche Beschluß. Daß wir von Japan keinesfalls etwas Günstigeres zu erwarten hatten, als strikte Einhaltung der Neutralität, war allen Kennern der Verhältnisse längst klar gewesen; der Traum von einem Zusammengehen mit Japan in diesem Weltkonflikt war nichts als eine Utopie der unkundigen Massen. Wie hätten auch die Japaner so treu- und ehrvergessen sein können, in diesem Augenblick ihrem englischen Verbündeten in den Rücken zu fallen? Ich glaube nicht, daß irgend ein von Selbstachtung beseelter Japaner auf diesen niederträchtigen Gedanken verfallen ist, auch wenn er, wie bei vielen der Fall, dem englischen Bündnisse längst gram geworden war. Die Schmach, solch erbärmliche Gesinnung hegen und Anderen aufdrängen zu wollen, scheint europäischen Kulturmenschen vorbehalten zu sein.

Unter den gegebenen Umständen erschien es geraten, die Japaner darüber aufzuklären, daß von deutscher Seite in Ostasien nichts geschehen würde, was die japanischen Interessen verletzen oder sonstwie den Bündnisfall herbeiführen könnte. Nach allem, was wir bisher über die Vorgänge in Ostasien wissen, ist von deutscher Seite aufs gewissenhafteste dafür gesorgt worden, den Japanern irgend welchen Grund zur Aufgabe ihrer Neutralität zu benehmen. Ja, man ist ihnen noch einen wesentlichen Schritt entgegengekommen und hat dem japanischen Geschäftsträger in Berlin vor Überreichung des Ultimatums die Zusicherung gegeben, das deutsche Geschwader in Ostasien werde Befehl bekommen, sich feindseliger Handlungen in den ostasiatischen Gewässern zu enthalten, falls Japan in dem deutsch-englischen Konflickt neutral bleibe. Eine Antwort auf diesen Vorschlag ist nicht erteilt worden. Leider hat die von englischer Seite geförderte vorschnelle Entscheidung der japanischen Staatsmänner die für beide Länder so wünschenswerte Verständigung vereitelt, wobei unser Abgeschnittensein vom Kabelverkehr offenbar als erschwerendes, von unserem Hauptfeind wohl berechnetes Moment mitgewirkt hat.

Wenn aber schon an und für sich das unprovozierte Einschwenken Japans in die Reihen unserer Gegner bei uns schmerzlichste Überraschung erregte, das feindliche Einschwenken eines Landes, mit dem wir in normalen freundlichen Beziehungen standen, gegen das wir keine böswilligen Absichten hegten, dessen berechtigte Interessen wir nirgends bedrohten, zu dessen Wohlfahrt und gedeihlicher Entwickelung wir selbstlos wie niemand anders in der Welt beigetragen haben, indem wir uns beinahe zum Kulturdünger erniedrigten, so hat besonders die schroffe und kränkende Form, in der uns Japan entgegentrat, einen allgemeinen Sturm der Entrüstung hervorgerufen. Ohne erst einen Versuch zu machen, wie es zwischen befreundeten Staaten Sitte ist, uns durch Verhandlungen mit möglichster Schonung unserer Ehre aus unserem Pachtgebiete Kiautschou hinauszukomplimentieren, ist uns die japanische Regierung böswillig gleich mit einem Ultimatum ins Gesicht gesprungen, das durch seinen befehlshaberischen Ton von vornherein jegliche weitere Verständigung unmöglich machte, wohl auch unmöglich machen sollte. Es sei mir gestattet, den Wortlaut des weltgeschichtlichen Dokumentes zu wiederholen, das am Abend des 15. August dem deutschen Botschafter in Tokio überreicht wurde, und, wie der japanische Minister des Äußeren gesagt haben soll, der deutschen Regierung auf sieben verschiedenen Wegen zugeschickt wurde, damit es ja sein Ziel erreiche. Es lautet:

„Die Kaiserlich-japanische Regierung, die es für im höchsten Grade wichtig und notwendig erachtet, unter den gegenwärtigen Umständen Maßregeln zu ergreifen, um alle Anlässe zur Friedensstörung in Ostasien zu beseitigen, und die im Bündnisvertrag zwischen Japan und Großbritannien vorgesehenen allgemeinen Interessen zu gewährleisten, hält es zu dem Zweck, einen festen und dauernden Frieden in Ostasien zu sichern, dessen Herstellung das Ziel des genannten Vertrages ist, in aller Aufrichtigkeit für ihre Pflicht, der Kaiserlich-deutschen Regierung den Rat zu geben, die folgenden zwei Vorschläge auszuführen:

1. Sofort aus den japanischen und chinesischen Gewässern deutsche Kriegsschiffe und bewaffnete Schiffe jeder Art zu entfernen und sofort solche Schiffe, die nicht entfernt werden können, zu entwaffnen.

2. Bis spätestens am 15. September 1914 den Kaiserlich-japanischen Behörden bedingungslos und ohne jede Entschädigung das gesamte Pachtgebiet Kiautschou zu überliefern mit der Aussicht, daß es gegebenenfalls an China zurückgegeben wird.

Die Kaiserlich-japanische Regierung kündigt zu derselben Zeit an, daß sie, falls sie nicht bis zum Mittag des 23. August 1914 die

Antwort der Kaiserlich-deutschen Regierung erhält, die ihr die bedingungslose Annahme des von der Kaiserlich-japanischen Regierung erteilten Rates bekanntgibt, sich zu solchen Handlungen genötigt sehen wird, die sie unter den Umständen für erforderlich erachtet."

Sie wissen, meine Damen und Herren, daß die Kaiserlich deutsche Regierung es für unter ihrer Würde gehalten hat, auf dieses Ansinnen der Kaiserlich japanischen Regierung eine Antwort zu erteilen, und daß die Besatzung von Tsingtau, verstärkt durch die Mannschaften einiger deutschen Schiffe und eines österreichischen Kreuzers, sowie der deutschen Männer, die noch rechtzeitig aus den verschiedenen Plätzen Ostasiens in die Festung eilen konnten, sich zum Kampfe für das kleine, aber mit Liebe und Erfolg seit 17 Jahren im fernsten Osten gepflegte Stück Deutschland eingesetzt hat. „Pflichterfüllung bis aufs Äußerste" hat der tapfere Gouverneur seinem Kaiserlichen Herrn gelobt, und was immer nun geschehen sein mag, wie viel köstliche Leben unserer Brüder dort draußen verloren sein mögen: eines, das Herrlichste, ist nicht verloren gegangen: die deutsche Ehre!

Der japanischen Drohung ist nach Ablauf der angesetzten Frist am Nachmittage des 23. August die Kriegserklärung durch den Mikado prompt gefolgt, unter Beobachtung gewisser altgeheiligter Bräuche, welche sich durch das System der Ahnenverehrung und die religiös-mystische Stellung des Kaiserhauses erklären. Am 29. August wurde die japanische Kriegserklärung an Deutschland im Sanktuarium des Kaiserpalastes unter persönlicher Anwesenheit des Mikado und aller hohen Würdenträger den Kaiserlichen Ahnen förmlich und feierlich mitgeteilt; Gesandte wurden an den Tempel der Sonnengöttin zu Ise und an die Gräber des Gründers der Dynastie Jimmu-tennō, und des letztverstorbenen Kaisers Meiji-tennō abgeschickt, um den Göttern und Geistern das Ereignis zu verkünden; in allen Staatstempeln sämtlicher Regierungsbezirke wurden entsprechende Feierlichkeiten abgehalten, bei denen sich die Beamten und Offiziere beteiligten. Ein Aufwand ernstgemeinter und ehrwürdiger Handlungen, dem nur eine bessere Veranlassung zu wünschen gewesen wäre.

In Japan wie in China ist von jeher das Gefühl der Pietät des Schülers gegen seinen Lehrer hochgehalten worden, und den Schulbuben predigt man darüber Erbauliches in ihren Lesebüchern. Doppelt berechtigt ist daher der Zorn des deutschen Volkes, daß die Japaner ihm in der Stunde der bittersten Not, wo es um seine Freiheit, seine

Existenz kämpfen muß, diese furchtbarste aller Angelegenheiten bereitet haben; daß sie, scheinbar um eines immerhin nicht überwältigenden Gewinnes willen, die Freundschaft eines ihnen wohlgesinnten, großen und edlen Volkes mit Füßen traten. Wo blieb in diesem Augenblicke der Entscheidung die vielgerühmte japanische Ritterlichkeit, die als ein Hirngespinst bezeichnen zu müssen die Welt wirklich um eines ihrer Ideale ärmer machen würde?

Wenn manche Stimmen aus dem Publikum sich die Beweggründe der Japaner für ihre Handlungsweise damit zurechtzulegen suchen, daß sie in den Japanern nur raubgierige gelbe Bösewichter sehen und sie mit üblen Titulaturen aus dem Tierreich belegen, so ist eine solche Erklärung zwar leicht, einfach und bündig, aber doch nicht stichhaltig. Als Japan den hassenswerten Schritt gegen uns tat, für den es, bald oder später, aber sicher einmal, wird Rechenschaft ablegen müssen, hat es offenbar noch mehr Gründe gehabt als den einen, sich möglichst billig in ein wohlbereitetes Nest hineinzusetzen. Diese Gründe müssen wir verstehen, damit wir einst beim Wiedereintritt normaler Verhältnisse unsere Haltung danach abwägen können. Freilich ist es jetzt, wo uns genügendes authentisches Material noch nicht vorliegt, schwer und gefährlich, eine Lösung des Rätsels zu versuchen, und auf Grund der immer wieder gemachten Erfahrung, daß in Ostasien gewöhnlich das von den Kennern Unerwartete eintritt, ist ein gutes Maß von Mißtrauen gegen alle theoretischen Erörterungen am Platze. Dennoch dürften einige kurze Betrachtungen nicht ganz zu verwerfen sein, bei denen wir von den im Ultimatum, im ersten Absatz, erwähnten Beweggründen ohne weiteres als Verschleierungen der Tatsachen absehen können. Denn, noch einmal sei es betont, Deutschland hat weder den Frieden in Ostasien gestört, wo selbst nach dem übereinstimmenden Zeugnis der englischen Konsuln der Schiffart aller Nationen sich keinerlei Hindernisse boten, noch irgend einen unprovozierten Angriff unternommen oder beabsichtigt, der den Bündnisfall hätte herbeiführen müssen. Es lag ja selbstverständlich nur in unserm ureigensten Interesse, jede Provokation, die uns noch mehr Feinde auf den Hals laden konnte, zu vermeiden.

Wir dürfen zunächst als einen der Beweggründe Japans für sein Einschreiten gegen uns annehmen, daß Japan hoffte, bei der Sache gut und vorteilhaft abzuschneiden; daß es einen gewichtigen Schritt vorwärts zu machen gedachte auf dem Wege seiner modernen Politik, der es zur wirtschaftlichen Ausnutzung Chinas und zur Vorherrschaft in Ostasien führen soll.

Japan hat sich im Laufe des letzten halben Jahrhunderts innerlich neu geordnet, ist sich seiner nationalen Kraft bewußt geworden, und hat seinen alten Unternehmungsgeist, der sich seit Menschengedenken auf kontinentale Eroberungen richtete, nach längerer Ruhepause wiedergewonnen.

Schon in halbhistorischer Zeit, etwa vom 4. bis in das 7. Jahrhundert unserer Zeitrechnung, sehen wir die Japaner mit wechselndem Glück sich als Herren der kleinen Königreiche im südlichen Teil von Korea gebärden, und wenn auch damals durch die überragende Machtstellung Chinas die Japaner gezwungen wurden, sich aus Korea zurückzuziehen, so haben sie ihren Anspruch darauf doch niemals aufgegeben.

Zum zweiten Male geriet Korea gegen Ende des 16. Jahrhunderts, zwischen 1592 und 1598, unter japanische Botmäßigkeit, als der Reichsverweser Hideyoshi, den man nicht mit Unrecht den japanischen Napoleon genannt hat, in seltsamster Überschätzung seiner Machtmittel den abenteuerlichen Plan gefaßt hatte, das Reich der Mitte zu erobern. Den durch jahrzehntelange Bürgerkriege schlachtgewohnten japanischen Heeren gelang verhältnismäßig leicht die Unterwerfung der koreanischen Halbinsel, da die im Altertum ehedem so leistungstüchtigen Koreaner schon damals ihre militärischen Eigenschaften eingebüßt hatten und sich auf dem Wege befanden, ein Volk von Schwächlingen und Halbidioten zu werden. Aber das kräftige Eingreifen Chinas brachte die Erfolge der Japaner zum Stehen, und nach fast siebenjähriger Kriegführung, welche beiden Seiten die schwersten Menschenopfer kostete, und Korea in eine Wüste verwandelte, rief der sterbende Hideyoshi seine Heere in die Heimat zurück. Nicht lange darauf erfolgte die freiwillige Abschließung Japans vom außenweltlichen Verkehr, die fast ein Vierteljahrtausend lang dauerte, und der erst im Jahre 1854 durch die amerikanische Expedition Perry's ein Ende bereitet wurde.

Welch ungeheure Umwälzungen seit dieser neuen Erschließung des Landes in dem bisher noch ganz mittelalterlichen Staaten- und Volksgebilde unter dem Einflusse der modernen europäischen Kultur stattgefunden haben, ist hinlänglich bekannt.

Die ersten Zeichen wiedererwachter nationaler Kraft dem Ausland gegenüber gab 1874 die japanische Strafexpedition gegen die wilden Stämme auf der damals noch chinesischen Insel Formosa, und 1879 die volle Einverleibung der Ryukyu-Inseln, welche bis dahin sowohl an Japan als an China Tribut entrichtet hatten. In diesen beiden Fällen schon, so unbedeutend an sich sie waren, offenbarte sich der immer deutlicher hervortretende Wille der Japaner, gegen China eine Politik der starken Hand zu betreiben, und die Vorgänge in Korea in den nächsten Jahren ließen darauf schließen, daß sich hier ein ernsthafter Konflikt vorbereite. Japan hatte die Schwäche Chinas durchschaut; es wußte, daß dieses trotz seines reichen Menschenmaterials hülflos war, militärisch schlecht organisiert, und ohne rechten inneren Zusammenhalt. Das zeigte sich ja im Verlaufe des nun ausbrechenden japanisch-chinesischen Krieges unter anderem dadurch, daß die südchinesischen Provinzen ihre Truppen und Schiffe ruhig in schöner Sicherheit zu Hause behielten und die Gemütsruhe nicht verloren, als die nordchinesische Flotte und die Armeen des Vizekönigs Li Hung-tschang geschlagen wurden. Auf einen solchen Mangel nationalen Solidaritätsgefühls hatten wohl selbst die Japaner kaum gerechnet, obgleich sie das chinesische Vaterlandsgefühl in seiner damaligen Beschaffenheit tief genug eingeschätzt hatten. Die Veranlassung des japanisch-chinesischen Krieges von 1894/95 war also wieder Korea, auf das die Japaner, wie schon angedeutet, ein anderthalbtausendjähriges Recht zu haben glaubten. Zwar deckte Japan damals seine Karten noch nicht vollständig auf. Es schien zunächst nur für die Unabhängigkeit Koreas, für dessen Befreiung von dem verantwortungslosen Treiben der chinesischen Suzeränität zu kämpfen, unter der allerdings das arme Land gänzlich verwahrlost wurde. Und als es im April 1895 zum Frieden von Shimonoseki kam, da verlangte Japan außer der Abtretung der Insel Formosa und einer Kriegsentschädigung nicht etwa die Abtretung Koreas, sondern die eroberte Liaotung-Halbinsel mit Port-Arthur und einem Streifen der Süd-Mandschurei bis zum 42. Breitengrade. Freilich lagen auch so die Absichten Japans klar genug zu Tage, denn wenn die Zession der letztgenannten Gebiete durch die russisch-französisch-deutsche Intervention nicht verhindert worden wäre, so wäre Korea, zwischen das alte Japan und die neuen kontinentalen Erwerbungen eingekeilt, in eine Zwickmühle geraten, und seine Selbständigkeit nur noch eine Illusion gewesen. Die zeitweilige Zurückdrängung vom Festland durch die Intervention hat aber die hartnäckigen Absichten Japans auf Korea keinen Augenblick erschüttert, eben weil sie auf einer quasi heiligen Tradition fußten, und weil die Gelegenheit jedenfalls wahrgenommen werden sollte, ehe andere Mächte das langersehnte Erbgut wegschnappen würden. Denn schon begann Rußland seine gierigen Hände nicht nur nach der Mandschurei, sondern auch nach Korea auszustrecken. Eine rastlose Wühlarbeit setzte nun ein, ein diplomatischer Strauß zwischen Russen und Japanern, der ersteren manche Erfolge brachte, zumal sich die Japaner mindestens einmal — ich meine die Ermordung der japanfeindlichen koreanischen Königin auf Anstiften des japanischen Gesandten Miura — in ihren Mitteln arg vergriffen. Der Zwiespalt führte zu dem großen russisch-japanischen Kriege vom Februar 1904 bis Sommer 1905, dessen Hauptergebnisse für die Japaner die freie Hand in Korea und die Erbschaft der russischen Unternehmungen und Rechte in der Süd-Mandschurei waren.

Oberflächlich besehen schien die Mandschurische Frage, nämlich der Bruch des russischen Versprechens, die Mandschurei an gewissen Terminen zu räumen, die Veranlassung des Krieges gewesen zu sein; in Wirklichkeit war es aber lediglich der Anspruch auf Korea, um dessen willen die Japaner losschlugen. Die nachträglich veröffentlichten Verhandlungen des japanischen Ministers Kurino mit der russischen Regierung beweisen das. So unangenehm es den Japanern war, die Russen in der Mandschurei und in Port-Arthur sitzen zu sehen, sie waren bereit, sich mit dem scheinbar Unvermeidlichen abzufinden, wenn Rußland ihnen Korea voll und ganz überlassen wollte. Die Russen aber waren in ihrer Gier verblendet und kannten oder achteten nicht die geschichtliche Tradition der von ihnen in ihrem Hochmut unterschätzten Japaner; sie wollten diesen nur die südliche Hälfte Koreas zugestehen, den Norden aber zum Pufferstaate, natürlich unter russischem Einfluß, machen. Das brachte den Krieg.

Obgleich das japanische Volk mit dem Frieden von Portsmouth, der diesen Krieg abschloß, nicht zufrieden war, da ihm mangels der gehofften Kriegsentschädigung die ungeheuren Geldlasten auf dem Nacken liegen blieben, und es in Tokio darüber sogar zu wilden Aufstandsszenen kam, so waren doch die Errungenschaften ganz bedeutende. Die Anerkennung des Landes als Großmacht war eine Befriedigung für den überaus lebhaften nationalen Ehrgeiz, der in den letzten Jahrzehnten nach Eröffnung des Landes sich chronisch gekränkt gefühlt hatte; der Erwerb Koreas, der seitdem bekanntlich zur vollständigen Annexion als japanische Provinz führte — für dieses Land übrigens vielleicht ein Glück — hat einen uralten Traum, die Sehnsucht der Jahrhunderte, aufs glänzendste erfüllt; der Übergang der russischen Bahn, der Bergwerke und anderer wertvollen Dinge in der Süd-Mandschurei in japanischen Besitz eröffnete Aussichten auf reichen Gewinn. Da die Verarbeitung des also Gewonnenen die Japaner auf lange beschäftigen muß, so konnte Japan als vorläufig gesättigt gelten, und es stand darum in nächster Zeit eine territoriale Expansion Japans in China nicht zu erwarten, abgesehen von einer möglichen Teilung der äußeren und der inneren Mongolei zwischen Rußland und Japan, als Pendant zur mandschurischen Teilung. Denn in China haben sich die Dinge inzwischen auch recht sehr verändert, und das jüngst erwachte chinesische Nationalgefühl hat den Plan der westlichen Großmächte, die chinesischen Provinzen unter sich aufzuteilen, wohl endgültig zu Fall gebracht.

Dieser Plan bestand in aller Lebhaftigkeit, als wir uns vor 17 Jahren der Kiautschou-Bucht bemächtigten und Tsingtau als Flottenstützpunkt einrichteten. Wir haben aber den seither veränderten Verhältnissen vollkommen Rechnung getragen; zwar die Befestigungen ausgebaut, im übrigen aber dem Pachtgebiet den Charakter einer einfachen Handelskolonie gegeben. Durch die rastlose Arbeit von anderthalb Jahrzehnten ist es uns gelungen, in Tsingtau eine von Engländern, Japanern und anderen Ausländern, besonders aber auch von den Chinesen anerkannte Musterniederlassung zu schaffen, eine augenfällige Verkörperung deutschen Könnens in Wirtschaft und Verwaltung. Gerade in der letzten Zeit waren wir daran gegangen, Tsingtau auch zu einer Kulturquelle ersten Ranges für das erziehungsbedürftige Jung-China einzurichten, von der viele befruchtende Ströme echter Bildung zunächst in die Provinz Schantung, dann aber weiter ins übrige China segensreich geflossen wären. Wir hatten dabei natürlich auch unsere Vorteile, die Förderung unseres Handels und unserer Industrie, im Auge, aber der Hauptgewinn winkte doch den Chinesen, die bald genug begriffen hätten, wie viel Besseres und Gründlicheres wir leisteten als unsere europäisch-amerikanischen und japanischen Rivalen. Diesen Triumpf unserer deutschen Bildung in Ostasien und die damit zusammenhängenden materiellen Vorteile hat man uns nicht gegönnt, und daher die Gelegenheit des Völkerkrieges ergriffen, uns und unsern Einfluß aus China zu verdrängen.

Zum Werkzeug dieser brutalen Zerstörung einer aussichtsreichen Kulturarbeit hat sich Japan hergegeben, und so kommen wir, nachdem wir die Aspirationen dieses Volkes auf dem asiatischen Kontinent flüchtig überschaut haben, wieder zu unserem Ausgangspunkte zurück, der Frage, welche vermeintlichen Vorteile die Japaner zu ihrem Vorgehen verleitet haben könnten.

Es bedarf gar keiner langen Überlegung, um zu erkennen, daß Kiaotschou für das vor Chinas Toren liegende Japan durchaus nicht denselben Wert haben kann, wie für das weltweit entlegene Deutschland. Nicht das bißchen Land, Stadt und Hafen, so wichtig für uns als Stützpunkt in der Ferne, lohnten das Risiko des Eingriffes, wohl aber das, was unmittelbar und mittelbar damit zusammenhängt: die Schantung-Bahn, die Bergwerke, überhaupt die großen Möglichkeiten für Industrie und Handel in dem volkreichen Hinterlande. Japan wird natürlich China zwingen, ihm all die von den Deutschen erworbenen Rechte abzutreten, wie es ehedem von den Chinesen die Weitergabe der den Russen in der Mandschurei gewährten Zugeständnisse erzwang. Man erntet eben, was andere säten. Damit wird sich Japan für die Kosten seines Unternehmens vielleicht reichlich schadlos halten können, es sei denn, daß der unverhofft starke Widerstand der Deutschen in Tsingtau einen Fehler in die Rechnung bringe. Die im Ultimatum recht vorsichtig erwähnte eventuelle Rückgabe des Pachtgebietes an China würde selbstverständlich nur gegen eine sehr hohe Entschädigung erfolgen.

Bei der beabsichtigten Demütigung Deutschlands, hätte es das Ultimatum angenommen, oder der als wahrscheinlicher vorausgesetzten Verdrängung der Widerstand leistenden Deutschen durch eine Eroberung Tsingtaus, bezweckte Japan auch eine Vermehrung seines nationalen Prestiges: vor den Augen Asiens als Überwinder erst der Russen, und dann der Deutschen, dazustehen, hatte etwas Verlockendes. Man würde dabei sehr rasch übersehen, daß es eigentlich nur ein kläglicher und feiger Überfall einer kleinen Schar durch eine erdrückende Übermacht war. Diese Frage des Prestiges hat nun eine viel größere und nachhaltigere Bedeutung, als auf den ersten Blick erscheinen möchte, und zwar für alle Völker Europas: denn eine Einnahme Kiautschou's durch die Japaner schwächt überhaupt die Stellung sämtlicher Europäer in Asien. Sie wird den anderen Asiaten ein verhängnisvolles Vorbild sein, wie man mit den europäischen Minderheiten verfährt, sobald diese einmal, vom Mutterlande abgeschnitten, hilflos auf sich selber angewiesen sind.

In diesem Moment ist es ein schwacher Trost für uns, aber immerhin ein Trost, daß gerade dasjenige Land, welches an diesen Ereignissen die Hauptschuld trägt, England, von dem für die Zukunft freventlich heraufbeschworenen Unheil, dem Selbstmord Europas, mit am härtesten getroffen werden wird. Es scheint fast, als ob England schon das drohende Verhängnis ahnte und durch seine nachträglich einsetzende aktive Mitwirkung bei der Belagerung Kiautschous seinen Fehler in etwas wieder gut machen möchte. Denn daß Japan alle die Machtmittel besitzt, ohne englische Hilfe mit Kiautschou fertig zu werden, und daß sein militärischer Ehrgeiz ihm dies sogar gebietet, ist doch klar. Aber England will ihm augenscheinlich aus den erwähnten Gründen diesen Triumpf nicht gönnen und will noch rechtzeitig Vorsorge treffen, daß die Bäume nicht in den Himmel wachsen.

Einen weiteren Beweggrund Japans für seine unfreundliche Stellungnahme gegen uns bildet die durch unsere Beteiligung an der Intervention von Shimonoseki 1895 hervorgerufene Entfremdung.

Es wäre eine einseitige und irrtümliche Auffassung der Dinge, wollte man in der „Rache für Shimonoseki" das einzige oder auch nur das Hauptmotiv für die Handlungsweise Japans suchen. Aber eines der Motive ist sie ganz gewiß gewesen, und zwar gerade dasjenige Motiv, welches die Abneigung vieler Japaner gegen diese gefährliche Abenteurerpolitik der Regierung am besten zu beschwichtigen geeignet ist, auch dem Unternehmen vor den Augen des japanischen Volkes gewissermaßen ein ethisches Mäntelchen umhängt. Denn es ist wohl zu beachten, daß unsere Einmischung in den Friedensschluß von Shimonoseki infolge japanischer Mißverständnisse und englischer Hetzereien in wesentlich anderem und viel schlimmerem Lichte erscheint, als die nüchternen Tatsachen rechtfertigen. Unseren mit Rußland und Frankreich zusammen erhobenen Einspruch gegen das Verbleiben der Japaner in Liaotung nach dem chinesisch-japanischen Kriege hat man uns Deutschen ganz besonders übel genommen, ja, mit der Zeit ist es heimtückisch so gedreht und gewendet worden, daß das ganze Odium dafür auf uns allein sitzen blieb.

Die Japaner sind dabei von der Auffassung ausgegangen, daß Rußlands Einspruch um seines natürlichen Wettbewerbes willen vollkommen verständlich war: es wollte sich eben selber an Japans Stelle setzen. Dafür hat es seine Strafe bekommen: es ist aus der angemaßten Position im ehrlichen Kampfe hinausgeworfen und die Beleidigung von Shimonoseki somit für sein Teil gesühnt worden. Frankreichs Teilnahme wurde leicht entschuldigt: sein Bündnis mit Rußland konnte ihm das Mitgehen wohl auch gegen eigene Neigung auferlegt haben. Das Vorgehen Deutschlands aber überraschte und kränkte um so mehr, je größer bis dahin das Vertrauen in seine freundliche Gesinnung gewesen war, von der man mindestens eine neutrale Haltung gegenüber dem russisch-französischen Druck erwartet hatte. Man vermißte in dem Schritt die zwingende Notwendigkeit, und sah in ihm einen Ausfluß von Rassengegensatz, religiöser Antipathie und unerklärlicher innerer Feindseligkeit. Die Erbitterung darüber ist bis heute noch nicht geschwunden, denn die Japaner sind nachtragender Art, und zu den beliebtesten Stoffen ihrer nationalen Literatur gehören die Geschichten von langgehegter, endlich vollbrachter Rache. Zwar sind seitdem fast zwei Jahrzehnte verflossen, und die zahlreichen Beweise deutscher Achtung und Sympathie, und die intensive Förderung ihres kulturellen Aufschwungs durch uns, hätten die Angelegenheit längst vergessen lassen können und müssen. Das aber hat die englische Hetze, die Tag für Tag und Jahr für Jahr systematisch die japanische Presse und die öffentliche Meinung in Japan gegen uns vergiftet hat, nicht zugelassen. Mit satanischer Lust wurde die Wunde immer wieder aufgerissen, sobald sie vernarben wollte, und so der Unmut gegen uns beständig künstlich wach gehalten. Um so eifriger wurde diese Verhetzung in Szene gesetzt, als England seine eigene japanfeindliche Haltung während des japanisch-chinesischen Krieges vertuschen wollte, denn vor Shimonoseki war in Japan kein Land verhaßter als England. Das einzige Mal, daß ich in Japan insultiert worden bin, geschah zu jener Zeit, indem ich irrtümlich für einen Engländer gehalten wurde! In der böswilligen Absicht nun, Deutschland als den Sündenbock hinzustellen, werden die historischen Tatsachen gewissenlos verdreht, und geflissentlich wird dasjenige verschwiegen, was zu unserer Entlastung dienen kann. Immer wieder wird betont, daß gerade von deutscher Seite der Schritt in besonders schroffer Form geschehen sei. Wir müssen ja wohl leider zugeben, daß die Intervention, an der wir uns lieber nicht beteiligt hätten, von unserem damaligen Vertreter nicht nach dem klugen Grundsatz „fortiter in re, suaviter in modo“ durchgeführt worden ist; aber zu leugnen ist auch nicht, daß derselbe Mann kurz vorher, als es für die Japaner noch nicht zu spät war, ihre Forderungen ins Erreichbare zu modifizieren, sie im Auftrag der deutschen Regierung vor der drohenden Ungelegenheit warnte.

Die Intervention der drei Mächte ist damals in der Form eines „freundlichen Rates“ ausgesprochen worden. Diesen „freundlichen Rat“ hat uns seitdem die japanische Presse bei jeder Gelegenheit mit bitterer Ironie unter die Nase gerieben, und es ist kein Zufall, daß das japanische Ultimatum an Deutschland sich desselben Ausdruckes bedient! Diese ironische Abfertigung aber trifft gerade uns Deutsche unverdientermaßen, denn als bei den Verhandlungen in Shimonoseki die Japaner unter anderm die Abtretung der Liaotung-Halbinsel verlangten und der schlaue chinesische Unterhändler Li-Hung-tschang in der Voraussicht, daß Rußland dies hindern würde, scheinbar nachgab, da hat Deutschland den Japanern wirklich in aller Aufrichtigkeit einen „freundlichen Rat“ erteilt: der deutsche Vertreter machte den auswärtigen Minister Grafen Mutsu, welcher japanischerseits die Verhandlungen führte, auf den drohenden russischen Einspruch aufmerksam und riet, sich anderweitig, nämlich durch eine höhere Kriegsentschädigung, wie später auch geschah, schadlos zu halten. Diesen rechtzeitig gegebenen, gut und ehrlich gemeinten Rat hat Graf Mutsu in den Wind geschlagen und in größter Hast die Unterzeichnung des beanstandeten Vertrages durch den Kaiser betrieben. Er trägt daher die Verantwortung für das, was den ihren Kaiser vergötternden Japanern an der nun erfolgenden Intervention so besonders peinlich war: die Blamage des Suveräns, der seine Unterschrift verleugnen mußte. Sie sehen, m. D. u. H., daß es nicht an Deutschland gelegen hat, wenn die Angelegenheit eine so unangenehme Wendung nahm. Auf Vorhaltungen hat sich später Graf Mutsu ausgeredet, er hätte die Suggestionen des Herrn von Gutschmidt nicht verstanden. Ein Mißverständnis ist ja nicht ganz ausgeschlossen, doch viel wahrscheinlicher ist es, daß der damals schon totkranke aber willensstarke, ja eigensinnige auswärtige Minister, der ob seiner Schneidigkeit beim Volke der Kami-sori-daijin „der Rasiermesserminister“ hieß, einen Meisterstreich hatte vollführen wollen. In der irrigen Meinung, daß für die ganze Welt eine kaiserlich-japanische Unterschrift genau so ein unwidersprechbares Definitivum schaffen müßte, wie für den loyalen Japaner, hat er die Unterzeichnung des Friedensvertrages aufs schleunigste betrieben und so seinem eigenen Lande, wie auch uns, einen üblen Dienst erwiesen.

Aus der durch die Intervention geschaffenen Mißstimmung sind uns, stets unter redlicher Anstiftung oder Mithilfe unserer englischen Verleumder, allerhand andere zum teil absurde Vorwürfe erwachsen. Anläßlich der Chinawirren 1900 entrüstete man sich über die angeblichen Grausamkeiten der deutschen Soldaten, über die unternommenen Strafexpeditionen, über die Höhe unserer Entschädigungsforderungen; und als Graf Waldersee nach getaner Arbeit Japan besuchte, agitierte die Presse zuerst für einen zwar nicht unhöflichen, aber merklich kühlen Empfang. Nur der taktvollen Liebenswürdigkeit des Generalfeldmarschalls, der die Japaner bei ihrer ritterlichen Empfindung zu nehmen verstand, war es zu danken, daß die Stimmung umschlug und noch wahre Festesfreude zu Tage kam. Vollends unsere Besitznahme von Kiautschou hat von vornherein bei den Japanern die höchste Mißgunst erweckt. Man tadelt uns, daß wir um der sog. festländischen Integrität Chinas willen 1895 interveniert, aber unter Verletzung dieser Integrität wenige Jahre darauf selber chinesisches Gebiet genommen hätten; weiter daß unsere Besetzung des angeblich zuerst von den Russen gewünschten Kiautschou die Festsetzung der Russen in Port Arthur herbeigeführt hätte; und weil die Japaner die zweite Eroberung Port Arthurs im russisch-japanischen Kriege mit so ungeheuren Menschenopfern erkaufen mußten, macht man uns in diesem Zusammenhange für das vergossene Blut verantwortlich! Zwar wissen es viele, sehr viele besser, aber in der japanischen Presse hat sich diese schauerlich-wahnsinnige Logik fast zu einem Axiom emporgeschwindelt.

Sie werden jetzt begreifen, m. D. u. H., daß unser Pachtgebiet bei den Japanern allerlei Empfindungen auslöst, wie objektiv unberechtigt sie auch sein mögen; und daß, wenn auch der Krieg gegen Deutschland der Mehrzahl des Volkes durchaus unerwünscht kommt, so dennoch die Eroberung Tsingtaus durch japanische Waffen in den Herzen aller Bewohner des Sonnenaufgangslandes eine gewisse Befriedigung erweckt. Führende Zeitungen wie die „Nichi-nichi Shimbun", die „Kokumin Shimbun", die „Asahi Shimbun" usw. predigen es dem Volke in ihren letzten uns bekannt gewordenen Ausgaben, daß Kiautschou eine beständige Bedrohung des ostasiatischen Friedens sei; daß Japan das Leid nicht vergessen dürfe, welches ihm Deutschland vor zwanzig Jahren zufügte, indem es ihm seine Kriegsbeute raubte; daß Japan sich jetzt dafür rächen müsse!

Wir Deutschen stehen in dem ehrlichen Bewußtsein unseres freundlichen Wohlwollens für diese ostasiatische Nation fassungslos vor einem solchen Abgrunde des Mißverkennens, des Argwohns, der Gehässigkeit. Von Dankbarkeit wollen wir ja überhaupt gar nicht mehr reden, denn *die* ist zu den wilden Tieren entflohen. Aber auch in *dieser* Stunde, wo mich der heilige Zorn erfüllt gegen die Nation, der ich 25 Jahre lang gedient habe, arbeitend für die Ausbreitung deutscher Sprache, deutscher Literatur und Kultur, und wo ich tiefbewegten Herzens auf eine nun fast vernichtete Lebensarbeit zurückblicke, auch in dieser Stunde will ich als rechter, d. h. als gerechter Deutscher Zeugnis dafür ablegen, daß ich den Glauben an bessere menschliche Eigenschaften der Japaner noch nicht ganz verloren habe. Ohne die systematische *englische* Verhetzung, ohne den dämonischen Zwang, den *England* in den entscheidenden Tagen auf die japanische Regierung ausgeübt hat, hätte uns Japan, dessen bin ich überzeugt, trotz der geschilderten Voreingenommenheiten doch die Neutralität gehalten. Die gebildeten Japaner wissen zu gut, welch unschätzbaren Vorteile ihnen der freie Zutritt zu den deutschen Geisteswerkstätten auf so vielen Gebieten gebracht hat und noch bringen kann; nur mit Bedauern und mit Unwillen werden sie, und das gilt besonders von den ganz deutsch gebildeten Medizinern, das Band der Freundschaft haben zerreißen sehen.

Eine kleine Minderzahl der Japaner, die aber aus den besten und am vornehmsten denkenden Leuten besteht, trifft der Vorwurf schnöder Undankbarkeit, den man jetzt in der Hitze der Leidenschaft so gern gegen das *ganze* Volk erhebt, gewiß zu Unrecht, denn gerade bei ihnen ließ sich beobachten, daß sie einen Unterschied machten zwischen dem Deutschland, das sie um seiner hohen geistigen Kultur willen schätzten, dessen Gaben sie dankbar anerkannten, und *dem* Deutschland, dessen gewöhnlich durch *englische* Brille geschaute Politik sie nicht verstanden. Auch in Japan wie im übrigen Ausland war die *Feindschaft Englands* unser Verhängnis; und ehe wir da nicht die Axt an die Wurzel des Übels angelegt haben, werden wir immer den kürzeren ziehen. Geradezu tragisch aber wird dieses Verhängnis und der uns so freventlich aufgedrängte Konflikt mit Japan, da sich seit einiger Zeit die Voraussetzungen für einen Umschwung zu unsern Gunsten mehrten. Das englisch-japanische Bündnis ist zwar 1911 noch einmal auf 10 Jahre verlängert worden, hat aber in der neuen von England erzwungenen Fassung, die Japan gerade da im Stich läßt, wo seine Lebensinteressen ins Spiel kommen, nämlich in einem möglichen Konflikte mit den Vereinigten Staaten Amerikas, eigentlich für Japan keinerlei Wert mehr. Es hat nur die Handhabe geboten, Japan zum zweiten Mal für englische Interessen, diesmal gegen uns, in die Falle zu locken. Das Bündnis war daher schon längst nicht mehr populär; manche Meinungen haben sich schon dagegen erhoben in der klaren Erkenntnis, daß Japan bloß von England selbstsüchtig ausgenutzt werde und daß es von diesem nach getanen Diensten kaltlächelnd beiseite gestoßen werden würde. Es war daher ganz allmählich, aber deutlich, das Bedürfnis nach Annäherung an eine andere Macht, und zwar an Deutschland, zu erkennen. Bei dem uns Schritt für Schritt dort draußen bekämpfenden und verleumdenden Einfluß der englischen Presse und der englischen Telegraphendienste, namentlich des verlogenen Reuter, von denen die noch recht naive japanische Presse beherrscht wird, erforderte die deutsch-japanische Annäherung freilich viel Arbeit und Geduld. Doch war das Problem aussichtsreich und ging seiner Lösung langsam entgegen. Auf lange sind nun die Hoffnungen zu Grabe getragen; aber wie selbst aus Ruinen wieder frisches Leben sprießt, so steht zu erwarten, daß wir auch im fernsten Osten die uns gebührende Geltung wieder erlangen, vorausgesetzt daß es uns gelingt, dem englischen Lügenmaul den Atem abzuringen.

Es ist ein wirklich bejammernswerter Zufall, daß die große Weltkrise am Ruder des japanischen Staatsschiffes nicht die geeigneten Männer vorfand. Tot ist der still und weise waltende Meiji-tenno und sein Paladin Ito; tot ist auch der kluge und energische deutschfreundliche Fürst Katsura; alt, zu alt sind die paar überlebenden treuerprobten Ratgeber des verstorbenen Kaisers. An der Spitze des Kabinetts steht der greise und veraltete, der Lösung weltpolitischer Fragen nicht mehr gewachsene Graf Okuma; in der Leitung des Auswärtigen Amtes aber zum Unglück des Landes ein Mann, Baron

Kato, der ein rücksichtsloser Streber und ein Engländerknecht ist. In England erzogen, zweimal als Gesandter und Botschafter in London gewesen, einer der Macher und Fortsetzer des englisch-japanischen Bündnisses, bis in die Knochen antideutsch, war Kato ausgerechnet der Mann, den die englische Politik in diesem Augenblicke brauchen konnte, wo es Japans Hilfe anrief. Wir wissen nicht, wie es geschehen ist; auch die japanische Presse tappt darüber vollständig im Dunkeln, und es wäre müßig, die einander widersprechenden, oft ganz törichten Mutmaßungen und Gerüchte ernstlich zu beachten. Das eine aber können wir kraft logischer Folgerung aus der ganzen Lage der Verhältnisse, im Zusammenhalte mit einigen wenigen authentischen Äußerungen von japanischer Seite, als Schlußergebnis aufstellen, daß England mit allen ihm zu Gebote stehenden Mitteln die japanische Regierung bearbeitet und ihr auch gar keine Zeit zur Überlegung und Einholung von Informationen gelassen hat. England hat in seiner fürchterlichen Entschlossenheit, uns gründlich und für alle Zeiten abzutun, Japan genau so gegen uns eingespannt, wie es die übrigen neutralen Völker Europas auf uns zu hetzen sucht. In Japan war, wie wir gesehen haben, für ein solches Unterfangen nur allzu gut vorgearbeitet, und leider fand die englische Politik in Kato den Mann am Ruder vor, der bereit war, sein Land in den gewünschten Kurs zu steuern.

Der Würfel ist nun gefallen, ein Zurück gibt es nicht mehr, auf lange Zeit entfremdet sind sich zwei einst befreundete Nationen. Eine schwere Verantwortung haben sich die japanischen Staatsmänner aufgeladen, die ihr ohnehin von gefährlichen Krisen bedrohtes Land in dieses Abenteuer verwickelten, aus dem ihm vieles Leid ersprießen wird. Uns aber haben sie das größte Leid angetan, das wir ihnen vom menschlichen Standpunkt nicht verzeihen können: sie haben unsere Ehre angetastet und uns gezwungen, nur zur Rettung dieser Ehre, sonst zwecklos, auf den Festungswällen von Tsingtau tausende von blühenden Menschenleben, unsere Brüder und Söhne zu opfern, in einem nach menschlicher Berechnung hoffnungslosen Kampfe gegen eine erdrückende Übermacht. Aber wenn auch klein an Zahl, fast wie einst des Leonidas tapfere Heldenschar im Engpaß der Thermopylen, es sind Männer mit deutschen Herzen, die dort draußen die Wacht des Reiches halten, und die Feinde haben inzwischen nach über zweimonatlicher Belagerung den Trugschluß ihrer größten Zeitung eingesehen, die da am 20. August wörtlich orakelte: „es sei für Japan ebenso leicht, die deutsche Macht in Ostasien zu brechen, als wenn man einem kleinen Kinde die Hand umdrehen wollte“. Schon hat sich Aufregung und Erbitterung ob des unerwartet starken Widerstandes bei unsern Gegnern eingestellt. Aufgebracht darüber, daß sich das „kleine Kind“ als ein Herkules entpuppt hat, der den Schlangen, die in seine Wiege kriechen wollten, die Hälse umdreht, fordern jetzt die japanischen Zeitungen die baldige Einnahme Tsingtaus als eine Sache der nationalen Ehre. Der heutige Tag, die jetzige Stunde ist es vielleicht, wo der blutige Kampf am schrecklichsten tobt, denn heute, am 30. Oktober, feiert der Mikado seinen Geburtstag, und viele Hunderte von Samurai sollen geschworen haben, durch ihr freiwilliges Todesopfer Tsingtau dem Mikado als Geburtstagsgeschenk des Heeres und der Flotte zu sichern. In schmerzlicher Wehmut, aber auch in aufjauchzendem Stolz gedenken wir daher jetzt besonders innig unserer tapferen Helden im fernen Osten. Mögen sie ihrer Feinde Herr werden, ob gelb, weiß, braun oder schwarz! Aber wenn die Schicksalsstunde schlagen sollte, was Gott verhüten möge, so wissen wir, daß Menschenwitz und Menschenkraft sie nicht ablenken konnte. Schon einmal, vor 18 Jahren, ist die wilde Küste von Schantung, ganz unweit Tsingtau, Zeuge gewesen, wie deutsche Männer pflichttreu zu sterben wissen, als unser „Iltis“ vom Taifun auf die Klippen geschleudert zu Grunde ging und seine Mannschaft nach Absingen des Flaggenliedes mit drei Hurras auf den Obersten Kriegsherrn in den tosenden Wellen versank. Im gleichen Geiste werden unsere Brüder auf den Wällen von Tsingtau leben und sterben. Hoffen wir, daß doch recht viele von ihnen ruhmbedeckt in die d e u t s c h e H e i m a t wiederkehren mögen; aber auch die Toten werden nicht tot sein, denn im treuen Angedenken ihres Vaterlandes werden sie ewig leben.

FSC
www.fsc.org
MIX
Papier | Fördert gute Waldnutzung
FSC® C083411

Zeitfracht Medien GmbH
Ferdinand-Jühlke-Straße 7
99095 Erfurt, Deutschland
produktsicherheit@kolibri360.de